INSTRUCTION MINISTÉRIELLE

DU 27 AOUT 1886

RELATIVE AU

SERVICE DES SECOURS

PARIS
LÉAUTEY, IMPRIMEUR-ÉDITEUR DE LA GENDARMERIE,
Rue Saint-Guillaume, 24.

—

1886.

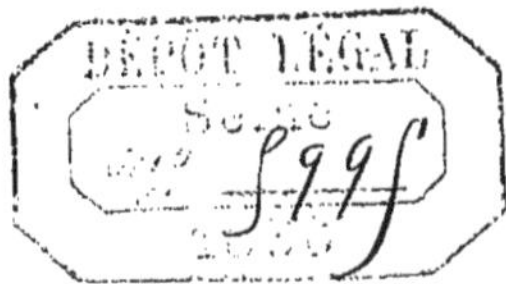

INSTRUCTION MINISTÉRIELLE DU 27 AOUT 1886

RELATIVE AU

SERVICE DES SECOURS

DIVISION DU SERVICE DES SECOURS ET NÉCESSITÉ D'UNE RÉGLEMENTATION NOUVELLE.

Le service des secours comprend :

1° Les secours proprement dits ;

2° Les gratifications de réforme renouvelables.

La dernière réglementation relative aux secours proprement dits remonte à 1875. Par suite de nouvelles dispositions législatives ou administratives prises dans l'espace de ces 11 années, cette réglementation ne répond plus à la situation actuelle. Ainsi, en 1885, par suite de l'affluence considérable des demandes de secours, plusieurs circulaires ministérielles ont dû apporter des restrictions à l'admission de ces demandes, de manière à pouvoir rendre annuelle l'assistance du ministère de la guerre aux personnes ayant des titres sérieux, le fonds de secours de la guerre étant surtout destiné à donner une assistance en retour des services rendus au pays.

Une refonte de toutes ces dispositions devient donc indispensable.

La gratification de réforme renouvelable, exclusivement réservée aux militaires réformés (congé n° 1) pour des blessures ou des infirmités occasionnées par le service, est une assistance toute spéciale donnée à ces militaires tant qu'ils éprouvent une diminution dans la faculté de travailler en raison desdites blessures ou infirmités.

A ce titre, il a paru utile, dans un but de simplification, de réunir dans une même instruction la législation des secours proprement dits et celle des gratifications renouvelables, en consacrant à chacune d'elles un chapitre particulier.

D'ailleurs, la réglementation générale du service de la gratification renouvelable, qui date de 1864, a subi de telles modifications, que la nécessité de la remettre complètement à jour s'impose également.

La présente instruction refond, en les complétant, toutes les circulaires antérieures qu'elle abroge, notamment celles du 15 mars 1875 relative aux secours et du 24 décembre 1864 concernant la gratification renouvelable.

CHAPITRE Ier.

SECOURS PROPREMENT DITS.

Personnes susceptibles de recevoir un secours.

Art. 1er. Suivant les indications portées au budget, les secours du ministère de la guerre sont exclusivement réservés aux anciens militaires ou agents du département de la guerre, à leurs veuves ou orphelins ainsi qu'aux ascendants de militaires décédés en activité de service.

Cette règle posée d'une manière générale comporte quelques développements :

1° *Anciens militaires ou agents du département de la guerre.*

Anciens militaires ou agents du département de la guerre.

2. Cette catégorie comprend les officiers retirés du service, les anciens sous-officiers et soldats, les fonctionnaires et agents du département de la guerre et les personnes assimilées par des dispositions spéciales.

Les militaires ayant appartenu à la marine ne pourront être secourus par le département de la guerre que dans le cas où ils auraient terminé leur service dans l'armée de terre.

2° *Veuves de militaires.*

Veuves.

3. Les veuves ayant le plus de titres à la bienveillance de l'Etat sont incontestablement celles qui ont épousé un militaire en *activité*. Mais il est à remarquer que le plus grand nombre d'unions n'ont lieu que postérieurement à la sortie du service du mari. En fait, la femme n'épouse plus alors qu'un civil, et lorsqu'elle devient veuve, les seuls titres qu'elle puisse sérieusement invoquer pour l'obtention d'un secours sont : soit les enfants laissés par l'ancien militaire, soit un âge avancé ou des infirmités rendant le travail difficile.

Conséquemment, il convient d'écarter les demandes émanant de veuves dans ces conditions de mariage quand elles ne sont pas âgées et qu'elles n'ont ni charges de famille ni infirmités.

La veuve *remariée* ne peut prétendre à un secours que si sa situation gênée résulte de charges de famille léguées par le premier mari, et que s'il est démontré que le second est dans l'impossibilité de venir en aide à sa femme.

Lorsqu'un militaire laisse une veuve et des enfants, la première seule peut être proposée pour le secours, à moins qu'elle ne soit reconnue indigne de cette faveur et qu'elle n'ait abandonné ses enfants, auquel cas ceux-ci sont secourus de préférence.

3° *Orphelins.*

Orphelins.

4. Indépendamment du sens rigoureux du mot qui ne s'applique qu'aux *mineurs*, on comprend également dans cette catégorie les enfants *majeurs lorsque les services militaires de leur père ont une certaine importance*.

Les filles de militaires, quand elles sont en puissance de mari, ne doivent pas, en général, participer aux secours. L'exclusion, toutefois, ne saurait être expressément formulée. Elles rentrent alors dans la catégorie des veuves remariées.

Les orphelins et descendants d'anciens militaires participent collectivement aux secours de l'État ; mais s'il est reconnu que l'un d'eux n'a pas besoin d'assistance ou qu'il en est indigne, rien ne s'oppose à ce que les autres l'obtiennent à son exclusion.

La règle générale suivie en pareil cas est celle-ci : *que plusieurs personnes ne peuvent obtenir séparément des secours en se fondant sur les mêmes services.*

Les enfants naturels *reconnus* peuvent, pendant leur minorité, recevoir des secours dans les mêmes conditions que les enfants légitimes.

4° *Ascendants de militaires décédés en activité de service.*

Ascendants.

5. Il faut distinguer :

1° Les militaires qui décèdent par suite de blessure, ou par le fait d'une circonstance de service bien déterminée, et, par une assimilation équitable, les militaires qui meurent des mêmes causes *étant rentrés dans leurs foyers ;*

2° Les militaires dont la mort n'a été

déterminée par aucun fait particulier de service.

Dans cette dernière hypothèse, l'allocation du secours ne doit être motivée que par un cas tout à fait exceptionnel (grand âge, infirmités, et quand le défunt était un unique soutien).

Fixation du montant des secours.

6. Le taux des secours est fixé par le ministre seul, d'après des considérations basées sur le grade, les services invoqués, l'âge ainsi que la position particulière des postulants. Il n'est jamais inférieur à 50 fr.

Subdivision des secours proprement dits.

7. Les secours proprement dits se subdivisent en deux catégories :

Les secours éventuels ;

Les secours permanents (1).

SECOURS ÉVENTUELS.

Demandes. — Dispense du timbre.

8. Les demandes de secours sont établies sur papier libre. Les pièces à y joindre (énumérées ci-après à l'art. 17), notamment les actes de l'état civil, sont exemptes de la formalité du timbre, en conformité de l'art. 64 de la loi du 28 fructidor an VII et des diverses décisions qui régissent l'impôt du timbre.

Toute demande de secours doit être signée par l'intéressé lui-même, à moins qu'il ne soit dans l'impossibilité absolue de remplir cette obligation.

Durée des services exigée.

9. L'institution du service militaire obligatoire ayant fait de chaque Français un soldat, il s'ensuit que, même avec la dotation la plus large, on ne pourrait accueillir toutes les demandes de secours, si une condition n'était mise relativement à la durée des services.

Désormais, un militaire ne pourra obtenir un secours que s'il a servi au-delà des obligations que lui imposait la loi sur le recrutement, à moins qu'il n'ait fait campagne ou qu'il n'ait été réformé pour blessures ou infirmités.

Mode de concession
(première allocation et renouvellement).

10. Tout premier secours ne peut être accordé, à moins d'un ordre formel du ministre, qu'après une instruction faite par l'autorité militaire.

Les secours éventuels sont donnés pour une fois seulement. Ils peuvent cependant être renouvelés soit, le plus généralement, sur la proposition de l'autorité militaire, soit quelquefois, et tant que le ministre le juge convenable, sur une simple demande appuyée d'un certificat de position délivré par le maire.

Aucune époque précise ne saurait être fixée pour le renouvellement, qui s'effectuera, autant que possible, lorsqu'il se sera écoulé au moins une année depuis la concession du dernier secours.

Examen des demandes par les généraux.
— Cas de rejet.

11. Les demandes envoyées par le ministre à l'examen des généraux et celles qu'ils recevraient directement sont examinées par eux. Les demandes qui leur sembleront admissibles feront l'objet d'une proposition établie dans la forme indiquée à l'art. 13. Ils pourront rejeter directement les autres demandes mais ce rejet devra être notifié aux intéressés.

Enquêtes. — Ménagements à prendre.

12. Parmi les personnes qui s'adres-

(1) Il n'a pas paru nécessaire de faire mention des secours journaliers alloués aux réfugiés égyptiens, ces secours devant disparaître prochainement du budget (où ils figurent actuellement sous un paragraphe numéroté 3), par la raison qu'il ne se produit que des extinctions dans le nombre des titulaires, qui n'est plus en ce moment que de 19.

sent à la bienveillance du département de la guerre, il en est souvent dont les familles ont occupé des grades ou fonctions élevés dans l'armée ou dans l'administration, et les souvenirs honorables qu'elles y ont laissés imposent l'obligation d'apporter, dans les investigations que l'autorité militaire est appelée à faire en ce qui les concerne, tous les ménagements et les égards que comporte leur situation sociale.

La mission de recueillir ces renseignements exigeant souvent beaucoup de tact et de discrétion, les généraux auront à apprécier les circonstances dans lesquelles il y aura lieu de la confier de préférence à des officiers.

Établissement des propositions.

13. Les propositions, qu'elles tendent à une première concession ou à un renouvellement, seront établies sur les formules actuellement en usage (Voir le n° 1 des modèles annexés à la présente instruction).

Ces propositions devront toujours être transmises au ministre appuyées d'un *état nominatif*. Relativement aux anciens militaires blessés ou infirmes, la proposition indiquera, en conformité de l'art. 15, que le postulant ne jouit pas de la gratification renouvelable ou permanente.

Incompatibilité relative entre les secours et certaines pensions.

14. Le taux des pensions militaires a été sensiblement augmenté par des lois en date des :

22 juin 1878 (applicable aux officiers et à leurs veuves ou orphelins) ;

18 août 1879 et 23 juillet 1881 (concernant les sous-officiers et soldats, ainsi que leurs veuves ou orphelins).

Une autre loi du 18 août 1881 a eu pour effet :

1° D'allouer un supplément de pension aux officiers et aux veuves d'officiers pensionnés antérieurement à la loi du 22 juin 1878 et ne se trouvant dans aucun des cas d'exclusion spécifiés par la première de ces lois (possession d'un bureau de tabac ou jouissance d'un traitement à la charge de l'Etat, des départements ou des communes). Ce supplément comporte deux fixations selon la législation d'après laquelle la pension principale a été liquidée ; mais cette majoration est loin de porter la pension aux taux des tarifs de 1878.

2° De niveler, d'après les tarifs de la loi du 18 août 1879, les pensions des sous-officiers et soldats, ainsi que celles des veuves, concédées antérieurement à cette loi.

D'une manière générale et quel que soit le taux de la pension, un secours peut être accordé à un pensionnaire lorsqu'il est bien constaté, après enquête, que la pension est réellement insuffisante, en raison des charges de famille ou des infirmités du pensionnaire.

Incompatibilité absolue du secours avec la gratification renouvelable.

15. L'incompatibilité existe, mais d'une manière absolue, avec la gratification renouvelable ou permanente, celle-ci n'étant, par le fait, qu'un secours d'un chiffre plus élevé.

Secours alloués en attendant la concession de la pension des veuves.

16. La concession d'une pension militaire ou civile réclamant, pour l'accomplissement des formalités exigées par la loi, un certain délai pendant lequel les *veuves* sont exposées à se voir réduites à des moyens d'existence très restreints, des secours d'une fixation spéciale peuvent leur être accordés, afin de leur permettre d'attendre plus facilement le payement des premiers arrérages de la pension.

Si, après la concession de la pension, un nouveau secours est accordé, il est ramené au taux ordinaire des tarifs.

Cette disposition s'applique aux orphelins.

Pièces à joindre aux propositions (elles doivent être établies sur papier libre. — Voir ci-dessus, art. 8.)

17. Les pièces à produire à l'appui des propositions pour un premier secours diffèrent selon la catégorie à laquelle appartient le postulant. Elles sont indiquées dans le tableau suivant :

ANCIENS MILITAIRES OU AGENTS du département de la guerre.	VEUVES.	ORPHELINS.	ASCENDANTS.
1° État régulier de leurs services ou copie certifiée du titre de pension; 2° Certificat de la mairie de leur résidence; 3° Enquête de la gendarmerie.	1° État de services du mari ou copie certifiée; 2° Extrait de leur acte de mariage; 3° Extrait de l'acte de décès du mari. (Pour les veuves pensionnées, la lettre de notification de pension ou une copie certifiée de ce titre peut remplacer les 3 pièces ci-dessus) ; 4° Certificat de position délivré par l'autorité civile ; 5° Enquête de la gendarmerie. (Les veuves remariées produisent un acte de leur second mariage. Si elles redeviennent veuves, l'acte de décès du second mari est exigible.)	1° État des services du père ou copie certifiée ; 2° Acte de naissance des postulants ; 3° Acte de mariage des parents (s'il s'agit d'enfants légitimes) ; 4° Acte de décès des père et mère (s'il s'agit d'enfants légitimes ou du père seul, s'il s'agit d'enfants naturels reconnus) ; 5° Certificat de l'autorité civile relatif à la position ; 6° Enquête de la gendarmerie. (Les filles mariées fournissent un acte de leur mariage. Si elles deviennent veuves, l'acte de décès du mari doit être produit.)	1° État des services de leurs enfants morts au service ou copie certifiée ; 2° Acte de décès de ces enfants ; 3° Acte de mariage des père et mère ; 4° Acte de décès du père (si la mère seule existe) ; 5° Certificat de position ; 6° Enquête de la gendarmerie.

Aux propositions de renouvellement de secours, il n'est nécessaire de joindre que les nouveaux renseignements recueillis sur la situation des postulants. Elles ne doivent donc contenir aucune pièce militaire ou de l'état civil (circulaire ministérielle du 8 décembre 1885. *Journal militaire officiel.* — Partie réglementaire — 2e semestre — p. 1141).

SECOURS PERMANENTS.

Leur objet.

18. Les secours permanents sont le plus souvent considérés comme un dédommagement de la perte fortuite de droits presque acquis à la pension de retraite. Ils répondent aux situations les plus intéressantes, puisque la concession s'appuie, comme l'indique l'article suivant, sur de longs services ou sur de graves infirmités.

Circonstances dans lesquelles les secours permanents s'obtiennent.

19. Les secours permanents sont accordés :

1° *A des officiers sans pension* ayant quitté l'armée,

Soit par démission volontaire,

Soit par la réforme pour cause d'infirmités et lorsqu'ils ont cessé de jouir de la solde de réforme.

Les uns et les autres doivent compter au moins 10 *ans* de services effectifs et avoir laissé dans l'armée des souvenirs honorables, être âgés ou infirmes et dans une position précaire ;

2° *A d'anciens sous-officiers et soldats* ayant passé 20 *ans* sous les drapeaux et porteurs d'un certificat de bonne conduite (ces secours ne sont jamais inférieurs à 100 fr.) ;

3° *Aux anciens militaires amputés ou aveugles n'ayant pas droit à pension.*

Ces militaires forment deux catégories :

Ceux réformés pour blessures ou infirmités reçues ou contractées au service (congé n° 1), mais n'ayant pas paru, dans les délais fixés par la loi, assez graves pour constituer un droit à pension;

Ceux devenus aveugles ou amputés pendant leur *séjour au corps*, mais pour des causes indépendantes du service militaire ;

4° *Aux veuves ou orphelins d'anciens militaires.*

Lorsqu'un militaire meurt sous les drapeaux sans avoir complètement achevé le temps exigé par la loi pour acquérir et par conséquent transmettre des droits à pension à sa veuve, cette dernière peut recevoir un secours permanent si le mari comptait au moins 20 ans de services.

La même faveur existe, dans des conditions semblables, pour les veuves de fonctionnaires ou d'agents du département de la guerre, en raison, non seulement des services rendus, mais aussi des retenues que le mari a subies, sans profit, sur son traitement.

Le secours permanent est acquis, *à fortiori*, aux veuves de militaires ayant laissé périmer leur droit à pension.

Peuvent également y prétendre les veuves d'officiers décédés en jouissance d'une pension de réforme, ainsi que les veuves de sous-officiers et soldats morts en possession d'une pension proportionnelle concédée après *vingt ans* de services ; attendu que, dans aucun cas, ces pensions ne sont réversibles.

Les veuves arabes dont le mariage n'a pas été contracté d'après la loi française n'ont pas droit à la réversion de la pension militaire du mari (art. 8 du décret du 21 avril 1866). Elles bénéficient alors du secours permanent, qui leur est alloué dans les mêmes conditions qu'aux veuves françaises.

Le secours permanent est quelquefois demandé pour des veuves de militaires pensionnés, qui ne peuvent obtenir la réversion de la pension, parce que le mariage n'avait pas les *deux* années d'antériorité voulues par la loi.

Dans ce cas spécial, la concession du secours permanent commande plus de réserve. Elle doit même être catégoriquement refusée lorsque le mariage a eu lieu pendant que le militaire était en expectative de retraite ou sur le point de l'être, car alors l'inadmissibilité à la pension résulte d'une circonstance prévue et nullement fortuite.

Les orphelins de père et de mère sont admissibles aux secours permanents dans tous les cas où les veuves peuvent y prétendre. Par analogie avec la législation sur les pensions, ces secours cessent au moment de la majorité.

Propositions de secours permanents et pièces à produire (ces dernières doivent être établies sur papier libre, voir article 8 ci-dessus).

20. Les propositions de secours permanents sont établies dans la même forme que les propositions de secours éventuels. Elles sont transmises au ministre par le général commandant le corps d'armée dont l'avis doit être exprimé.

Bien que les pièces à produire soient à peu près les mêmes que pour les secours éventuels, il a paru utile de les indiquer ci-après :

ANCIENS MILITAIRES		VEUVES.	ORPHELINS.
OFFICIERS, SOUS-OFFIC. ET SOLDATS.	AMPUTÉS OU AVEUGLES.		
1° Etat des services ou copie certifiée conforme; 2° Certificat de position délivré par l'autorité civile locale; 3° Enquête de la gendarmerie.	1° Etat des services ou copie certifiée conforme; 2° Certificat d'origine de blessure ou d'infirmité (sauf le cas où l'amputation ou la cécité est survenue au corps); 3° Certificats de visite et de contre-visite constatant la cécité ou l'amputation.	1° Etat des services du mari ou copie certifiée conforme; 2° Son acte de décès; 3° L'acte de mariage. (L'état des services peut tenir lieu de l'une de ces dernières pièces ou même des deux, selon qu'il mentionne, soit le mariage, soit le décès, ou ces deux choses); 4° Certificat de position; 5° Enquête de la gendarmerie.	1° Etat des services du père ou copie certifiée conforme (remplaçant au besoin l'acte de mariage des parents et l'acte de décès du père dans le cas relaté dans la colonne précédente); 2° Acte de mariage des parents; 3° Acte de décès des parents; 4° Acte de naissance de l'orphelin; 5° Certificat de position; 6° Enquête de la gendarmerie.

Époque du payement des secours permanents.

21. Les secours permanents se payent tous d'avance, *trimestriellement* pour les anciens militaires amputés ou aveugles, et *semestriellement* pour les autres catégories.

Caractère du secours permanent.

22. Le secours permanent ne saurait, en aucune circonstance, prendre le caractère de pension. Il doit être retiré quand la concession ne paraît plus justifiée.

Enquête annuelle sur les titulaires de secours permanents.

23. A cet effet, les titulaires de secours permanents sont soumis, chaque année, en octobre et novembre, à une enquête faite par l'autorité militaire, qui s'enquiert des changements qui se seraient produits dans la situation des intéressés.

Le général commandant le corps d'armée rend compte du résultat de l'enquête et propose au ministre le maintien des secours ou la suppression de ceux paraissant devoir être retirés.

COMPTABILITÉ.

Mode d'ordonnancement des secours.

24. Les secours (qu'ils soient éventuels ou permanents) sont mandatés dans le département de la Seine par l'ordonnateur secondaire du ministère de la guerre; en province et en Algérie par les fonctionnaires de l'intendance militaire.

A cet effet, le ministre délègue aux directeurs du service de l'intendance militaire les crédits nécessaires sans qu'ils aient à formuler aucune demande de fonds.

Ces crédits, calculés d'après l'importance probable des payements à effectuer mensuellement dans chaque corps d'armée, sont répartis par les directeurs entre les départements, suivant les besoins indiqués par les extraits de décision mentionnés ci-après.

Le ministre se réserve néanmoins, dans certains cas, la faculté d'ordonnancer directement des secours.

***

Envoi et usage des extraits des décisions ministérielles portant concession de secours.

25. Le ministre adresse aux généraux commandant les corps d'armée, pour chaque département, un extrait de décision présentant les noms des parties prenantes auxquelles des secours sont accordés. Les généraux transmettent ces extraits aux directeurs du service de l'intendance, qui, à leur tour, les font parvenir aux sous-intendants militaires chargés de délivrer les mandats individuels, et peuvent ainsi, en connaissance de cause, leur sous-déléguer les crédits nécessaires.

Chaque extrait de décision collectif doit être produit au Trésor à l'appui du mandat concernant le premier nom porté sur l'extrait, et la référence en sera donnée sur tous les autres mandats établis en vertu du même extrait de décision.

Il importe que le délai qui doit s'écouler entre la réception des extraits de décision et le mandatement soit aussi court que possible, afin que l'assistance de l'État produise tout son effet.

Forme et libellé des mandats.

26. Les mandats, établis dans la forme du modèle n° 23 de la nomenclature annexée au règlement du 3 avril 1869 sur la comptabilité, doivent être ainsi libellés :

Secours accordés par le ministre (décision du...).

Désignation à mettre sur le mandat quand l'acquit doit être donné par une autre personne que le titulaire.

27. Un décret du 3 juillet 1880 (*Journal militaire officiel*, 2e semestre, partie réglementaire, page 3) autorise les agents du Trésor à payer les secours sur l'acquit de la personne spécialement désignée sur le mandat, sans que celle-ci ait à fournir une procuration. Il est entendu que cette désignation, faite par *le ministre seulement*, ne doit être mise sur le mandat que *si elle figure sur l'extrait de décision.*

En ce qui concerne les orphelins, l'absence sur le mandat de la désignation qui précède laisse nécessairement supposer que l'allocation est payable à l'acquit du tuteur. Il n'y a donc pas lieu d'en faire la mention expresse, les mineurs étant naturellement représentés par leurs tuteurs dans les actes civils (art. 450 du Code).

Remise aux intéressés des extraits d'ordonnance ou des mandats.

28. Les extraits d'ordonnance sont adressés par le ministre aux généraux commandant les corps d'armée, qui les font parvenir aux intéressés. Les ordonnateurs secondaires assurent la délivrance de leurs mandats. Dans l'un et l'autre cas, la remise des titres de payement, quand elle n'est pas effectuée par l'ordonnateur lui-même, ne doit pas avoir lieu par *d'autres intermédiaires* que la gendarmerie.

Avis à donner au ministre en cas de décès, de changement de domicile des titulaires.

29. Si, pour une cause quelconque (décès, domicile inconnu ou départ du titulaire du département où le secours était payable, pour se fixer dans un autre département), un mandat ne peut être payé, le général commandant le corps d'armée en informe le ministre, qui avisera. Le mandat est renvoyé au fonctionnaire de l'intendance qui l'a émis, pour être annulé, s'il y a lieu. En cas de décès, la réversion du secours ne saurait être effectuée sans une décision ministérielle (art. 36 du règlement du 3 avril 1869 sur la comptabilité de la guerre) (1). Lorsque le secours a fait l'objet d'un ordonnancement direct, l'extrait d'ordonnance doit, en même temps, être renvoyé au ministre.

---

(1) La réversion d'un secours non perçu par le titulaire par le fait de son décès, peut être proposée par l'autorité militaire en faveur de personnes (conjoints ou parents) ayant donné des soins au défunt ou ayant subvenu aux frais d'inhumation.

Bordereaux mensuels des mandats.

30. Le chapitre des secours comprend encore actuellement trois paragraphes distincts, savoir :

§ 1er. Secours proprement dits (éventuels ou permanents) ;

§ 2. Gratifications de réforme renouvelables ;

§ 3. Secours journaliers aux réfugiés égyptiens.

Depuis le 1er janvier 1886, les délégations de crédits étant faites séparément pour les secours (§ 1er Secours proprement dits et § 3 Secours journaliers aux réfugiés égyptiens) et pour la gratification renouvelable (§ 2), il s'ensuit l'obligation de tenir une comptabilité distincte pour ces deux branches de dépenses.

Sur les bordereaux mensuels de mandats (n° 177 de la nomenclature), relatifs aux secours, il est indispensable que les parties prenantes soient désignées nominativement avec mention de la date de la décision ministérielle pour les secours éventuels, et, pour les secours permanents, de la période de temps qu'embrasse le mandatement. Il est très important que les noms des titulaires soient exactement inscrits.

La distinction en paragraphes sera observée et la dépense sera récapitulée de même en cumulant chaque fois l'antérieur. (Cette dernière disposition ne vise que le gouvernement de Paris et la 15e région, où seulement il existe des réfugiés égyptiens).

Lorsque dans le cours de l'exercice des mandats auront été annulés pour une cause quelconque, le bordereau qui mentionnera l'annulation devra relater le numéro et le montant des mandats, les noms des titulaires ainsi que le département où l'émission avait eu lieu.

Semblable énumération sera faite sur un bordereau spécial pour les mandats non acquittés le 30 juin de la seconde année de l'exercice. Ce bordereau sera, s'il y a lieu, négatif.

États justificatifs des payements effectués.

31. Les payements sont justifiés par des états nominatifs établis trimestriellement (en une seule expédition) par département, selon l'ordre alphabétique des titulaires et conformes au modèle ci-après :

e CORPS D'ARMÉE.

DÉPARTEMENT
de

EXERCICE 188 .

État nominatif des secours payés sur mandats pendant le e trimestre 188 .

NUMÉROS D'ORDRE.	NOMS ET PRÉNOMS.	QUALITÉS	DOMICILE	MANDATS.			OBSERVATIONS.
				NUMÉROS.	DATES.	MONTANT.	

Cet état, qui ne doit comprendre que les payements réellement effectués d'après la déclaration des trésoriers-payeurs généraux, est arrêté *en toutes lettres*, d'abord par le sous-intendant militaire ordonnateur, puis, *ne varietur*, par le directeur du service de l'intendance. La transmission au ministre dudit état s'effectue dans les quinze jours qui suivent le trimestre auquel celui-ci s'applique.

Il sera nécessairement produit des états supplémentaires trimestriels pour les secours qui ne seraient acquittés que pendant la seconde année de l'exercice.

Prescription.

32. Les secours n'étant qu'alimentaires, ne donnent jamais lieu à aucun ordonnancement afférent à un exercice clos.

Les mandats de secours éventuels sont exempts du timbre de 0 fr. 10.

33. Aux termes d'une circulaire du ministre des finances du 14 avril 1872, les titres de payement de secours *éventuels* sont exempts du timbre-quittance de 10 centimes.

CHAPITRE II.

GRATIFICATIONS DE RÉFORME RENOUVELABLES.

Conditions d'admission. — Caractère de la gratification de réforme renouvelable.

34. Une décision du 3 janvier 1857 ayant force de décret a institué une gratification de réforme renouvelable en faveur des sous-officiers, caporaux, brigadiers et soldats réformés avec un congé nº 1, pour des blessures reçues ou des infirmités contractées au service et diminuant la faculté du travail.

Le taux annuel en a été ainsi fixé :

Adjudants sous-officiers..........	230 fr.
Sergents-majors et assimilés.......	230
Sergents et assimilés.............	205
Caporaux et brigadiers...........	190
Soldats.........................	180

Les militaires de la gendarmerie réformés pour des motifs semblables après avoir accompli le temps de service exigé par la loi sur le recrutement, obtiennent une gratification temporaire créée spécialement pour eux par une décision présidentielle du 30 octobre 1852 et établie sur les mêmes bases que la solde de réforme des officiers. Lorsque la gratification temporaire a expiré, ceux qui en étaient titulaires peuvent être admis au bénéfice de la gratification renouvelable.

La gratification renouvelable est refusée aux militaires réformés pour des causes survenues pendant qu'ils étaient détenus en vertu d'un jugement, le temps passé dans cette position ne comptant pas dans la durée du service militaire (art. 64 de la loi du 27 juillet 1872).

La gratification n'étant en définitive qu'un secours, est incessible et insaisissable, sauf le cas de débet envers l'Etat. Dans ce cas, elle est passible de la retenue du cinquième.

La jouissance en est assurée tant que l'aptitude au travail n'est pas complètement recouvrée; elle peut cependant être suspendue ou retirée définitivement en cas d'indignité (voir l'art. 44).

Autorité chargée de l'appréciation des titres à la gratification.

35. Les commissions spéciales de réforme instituées dans chaque subdivision régionale par l'instruction ministérielle du 6 novembre 1875 connaissent de tous les cas d'admission applicables, soit aux militaires présents sous les drapeaux, soit à ceux ayant quitté le service actif, ainsi que des cas de réadmission dont il est question ci-après (art. 47).

Propositions et pièces justificatives.

36. Les propositions de gratification renouvelable doivent être individuelles et conformes au modèle ci-annexé n° 2. Elles sont approuvées et transmises au ministre par le général commandant le corps d'armée après avoir été appuyées :

Propositions d'admission. — 1° Des certificats de visite et de contre-visite contenant la description aussi détaillée que possible des blessures ou infirmités ayant motivé la réforme. (Il est indispensable de joindre à ces certificats l'avis motivé de la commission sur le droit à la gratification, conformément à l'art. 14 de l'instruction du 6 novembre 1875; cet avis doit, d'après la même instruction, avoir reçu l'approbation du général commandant le corps d'armée) ;

2° D'un certificat d'origine de blessure ou d'infirmités, et dans le cas où ce certificat ferait défaut, il y serait suppléé par un procès-verbal d'enquête dressé en conformité des art. 5, 6 et 7 de l'ordonnance du 2 juillet 1831 ;

3° D'un extrait (sur papier libre) de l'acte de naissance de l'intéressé ;

4° D'un état signalétique et de services mentionnant la date de la réforme et le jour de la radiation des contrôles du corps.

Propositions de réadmission. — 1° Des pièces désignées ci-dessus sous le paragraphe numéroté 1er ;

2° De la preuve (au moyen d'une pièce militaire quelconque) que la réadmission est motivée par la blessure ou l'infirmité qui avait valu précédemment la gratification. D'autres justifications seraient inutiles car elles se trouvent dans les dossiers existant au ministère de la guerre et établis lors de l'admission à la gratification renouvelable.

Comme il sera spécifié à l'art. 47, la gratification ne peut devenir permanente qu'après deux années de jouissance au moins. Par conséquent, les propositions d'admission ou de réadmission ne doivent conclure qu'à la concession d'une gratification renouvelable et jamais à l'obtention d'une gratification permanente.

Mode de concession. — Titre d'admission.

37. La gratification renouvelable est concédée sur l'avis du comité consultatif de santé. Une décision ministérielle fixe la date d'entrée en jouissance.

Tout militaire admis à cette allocation reçoit un titre nominatif portant le numéro de son inscription au contrôle central tenu au ministère de la guerre.

Par analogie avec ce qui a lieu pour les militaires en instance de pension, les militaires réformés peuvent attendre à leur corps leur titre d'admission à la gratification dont le premier terme n'est toutefois mandaté qu'à leur arrivée dans leurs foyers.

Les titres de gratification sont remis aux intéressés contre un récépissé qui est transmis au ministre par le général commandant le corps d'armée.

Une fois munis de leurs titres, les militaires restés au corps sont immédiatement rayés des contrôles de l'armée et dirigés sur le lieu qu'ils ont choisi pour résidence.

Duplicata de titre.

38. Le titulaire de gratification renouvelable qui perd son titre peut en obtenir un *duplicata* sur la production d'une déclaration de perte reçue, au choix de l'intéressé, par le maire de la résidence ou par le fonctionnaire de l'intendance préposé au payement de l'allocation. Lorsque la déclaration est reçue par le maire, elle doit être soumise au visa du fonctionnaire de l'intendance. Cette déclaration doit indiquer, en outre, que la pièce n'a pas été mise en nantissement.

En cas de perte du duplicata, il n'est plus délivré qu'une lettre ministérielle destinée à tenir lieu de titre.

Fixation de la date de jouissance.

39. La fixation de la date d'entrée en jouissance de la gratification dépend de la situation dans laquelle se trouve l'ayant-droit au moment de son admission, c'est-à-dire que cette date varie suivant que la proposition de la gratification est formulée au moment de la réforme ou qu'elle lui est postérieure.

Dans la première hypothèse, la jouissance remonte au *premier jour* du semestre *dans lequel la réforme a été prononcée.* Toutefois, lorsque le militaire est encore en expectative au corps ou s'il est à l'hôpital dans le semestre qui suit celui de la réforme, la jouissance ne part que du commencement de ce dernier semestre.

Dans la seconde hypothèse, la jouissance court du *premier jour* du semestre *où le droit a été constaté* en séance de la commission spéciale de réforme.

Dans le cas de séjour prolongé à l'hôpital, après la réception du titre de concession, d'un militaire admis à la gratification, il supporte une retenue dans les conditions déterminées par le règlement du 28 décembre 1883 sur le service de santé, disposition dont il est question ci-après à l'art. 66.

Visa de l'intendance, obligatoire sur les titres de concession.

40. En arrivant dans leurs foyers, les militaires admis à la gratification sont tenus de présenter, soit eux-mêmes, soit par l'intermédiaire de la gendarmerie, leur titre au sous-intendant militaire résidant au chef-lieu du département qu'ils habitent. Ce fonctionnaire soumet cette pièce au visa du directeur du service de l'intendance et y appose également le sien. Cette formalité est indispensable pour la mise en payement de la gratification.

Tenue d'un contrôle par département.

41. Le sous-intendant militaire procède ensuite à l'inscription des titulaires sur le contrôle ouvert à cet effet, et il délivre des mandats sur les crédits qui lui ont été sous-délégués par son directeur de service.

Ce contrôle (modèle n° 3), unique par département, contient l'inscription par grade des titulaires sans distinction d'armes.

Pour la simplification du service et pour faciliter l'établissement des relevés de mutations dont il est question ci-après à l'art. 65, ce contrôle sera désormais dédoublé : l'un sera applicable aux titulaires de gratification *permanente* et l'autre aux titulaires de gratification *renouvelable.*

Changement de résidence en France.—Formalité à remplir.

42. Lorsqu'un titulaire transfère son domicile d'un département dans un autre, il est tenu, sous peine de perdre les termes échus de sa gratification, d'en informer le sous-intendant militaire du département qu'il quitte et de prévenir, à son arrivée, celui de sa nouvelle résidence.

Le titre, sur lequel ces formalités sont indiquées, est visé au *verso* par les sous-intendants qui doivent aussitôt mentionner la mutation sur leur contrôle.

Résidence à l'étranger.

43. Le payement de la gratification cesse quand le titulaire transfère sa résidence à l'étranger. Une exception est toutefois admise en faveur des Alsaciens-Lorrains ayant opté pour la nationalité française et qui se trouvent obligés d'habiter le territoire cédé à l'Allemagne. Ils peuvent alors percevoir le montant de leur allocation en France par l'intermédiaire d'un fondé de pouvoir, mais ils n'en demeurent pas moins assujettis à toutes les formalités exigées des titulaires qui sont en France.

L'application de cette disposition est toujours laissée à l'appréciation du ministre.

Suspension ou retrait de la gratification pour cause d'indignité.

44. Tout individu qui, pour le cas l'indignité mentionné à l'art. 34, dernier paragraphe, encourrait la privation *temporaire* ou *définitive* de la gratification est l'objet d'un rapport spécial et motivé du général commandant le corps d'armée au ministre qui, *seul*, statue sur la mesure proposée.

Réversibilité de la gratification en cas de décès.

45. Lorsqu'un titulaire décède sans avoir touché sa gratification, le ministre juge s'il convient d'en autoriser le payement au profit de la veuve, ou, à défaut, en faveur de parents ayant eu le défunt à leur charge.

L'initiative des propositions de réversion appartient à l'autorité militaire. La proposition doit toujours être appuyée d'un certificat délivré par l'intendance et indiquant la période de temps qu'embrassait le dernier payement effectué au titulaire décédé.

VISITES MÉDICALES BISANNUELLES.

Leur but.

46. La gratification renouvelable, accordée d'abord pour deux années, peut être successivement continuée par périodes semblables. Cette continuation est subordonnée au résultat de l'examen physique des titulaires.

Dispense de la visite pour les incurables.

47. Un certain nombre de titulaires de la gratification renouvelable sont atteints de blessures ou d'infirmités dont les unes se sont aggravées au point de déterminer un droit à pension si ce droit n'était pas prescrit, et dont les autres, bien qu'ayant un caractère de gravité moindre, n'offrent cependant aucun espoir de guérison.

Conséquemment, les titulaires qui, à la précédente visite, auront été déclarés *incurables* et pour lesquels de nouvelles constatations seraient par suite jugées inutiles, seront dispensés de se présenter devant la commission. A leur égard, la gratification deviendra permanente, réserve faite, toutefois, du cas de suppression de l'allocation pour cause d'indignité.

Les dispenses dont il s'agit ayant pour conséquence d'engager définitivement les deniers de l'État, ne devront être octroyées qu'avec la plus grande circonspection. Les commissions ajourneront, au besoin, leur décision en cette matière, à la prochaine visite que l'intéressé sera en situation de subir, lorsque la dispense ne leur semblera pas complètement justifiée.

Visites passées en France lors des tournées cantonales des conseils de révision.—Exception pour le département de la Seine.

48. Autrefois, ces visites avaient uniquement lieu devant les commissions spéciales de réforme mentionnées à l'art. 50 et instituées au chef-lieu de chaque subdivision de région. Mais dans l'intérêt des titulaires et pour leur épargner des déplacements onéreux et fatigants, la visite a lieu, depuis l'année 1885, lors des tournées cantonales des conseils de révision (cette modification ne devant procurer aucun avantage aux hommes domiciliés dans le département de la Seine, ceux-ci continueront à être examinés par la commission de réforme de ce département).

En conséquence, lors de leur séjour pour les opérations du conseil de révision, l'officier général ou supérieur, membre du conseil de révision, le sous-intendant militaire et le commandant du bureau de recrutement, qui assistent aux opérations de ce conseil, ainsi que l'officier de gendarmerie qui est présent, se constituent en *commission spéciale extraordinaire de réforme* et statuent, sous la présidence de l'officier général ou supérieur, sur la situation des titulaires de la gratification renouvelable. La visite médicale est passée par le médecin militaire ou civil qui accompagne le conseil de révision.

La commission extraordinaire de réforme se munit de formules individuelles de certificats (modèle n° 40 de la nomenclature annexée au règlement du 28 décembre 1883 sur le service de santé). Ces formules sont remplies par les médecins, et les talons, après avoir reçu la mention correspondante, sont conservés par les sous-intendants militaires.

Epoque des visites.

49. La tournée desdits conseils de révision n'ayant lieu qu'une fois par an, l'autorité militaire convoquera *indistinctement*, par l'intermédiaire des mairies de leur résidence, à l'endroit désigné pour les opérations de chacun des cantons, tous les titulaires de gratification renouvelable domiciliés dans le canton, dont la gratification expirera pendant l'année (le 30 juin ou le 31 décembre). Ne seront exceptés de cette convocation que les titulaires de gratification permanente.

Les intéressés se présenteront munis de leur titre de concession de gratification.

Les commissions ordinaires de réforme continueront d'examiner les titulaires absents au moment des tournées des conseils de revision. — Convocations.

50. En dehors de l'époque précitée, la commission spéciale de réforme *ordinaire* se prononce sur la position des intéressés qui n'auraient pu se présenter le jour de la session extraordinaire. Elle dispense également des visites subséquentes les titulaires reconnus incurables.

La commission spéciale de réforme ordinaire existant au chef-lieu de chaque subdivision régionale, c'est dans cette localité que les intéressés sont convoqués.

Toutefois : 1° les hommes domiciliés dans les départements de Seine-et-Oise et du Rhône seront examinés au chef-lieu du département ;

2° A cause de l'étendue des subdivisions d'Aix et d'Ajaccio, et afin de leur occasionner un moins grand déplacement, les hommes appartenant à ces subdivisions seront appelés devant les sous-commissions fonctionnant à Digne et à Bastia.

Certaines subdivisions de région comprennent des fractions de deux et même de trois départements ; dès lors, lorsque les titulaires sont domiciliés dans le ressort d'une subdivision de région dont le chef-lieu se trouve dans un département différent de celui qu'ils habitent, ils sont convoqués au siège de cette subdivision après accord entre le sous-intendant militaire chargé du payement de leurs gratifications et le fonctionnaire de l'intendance qui fait partie de la commission appelée à statuer. Ce dernier aura soin de notifier la décision rendue par la commission au sous-intendant avec lequel il s'était concerté et à qui est confiée la tenue des contrôles.

Les titulaires sont invités à comparaître, munis de leur titre de concession, devant les commissions ordinaires de réforme au moyen d'un ordre de convocation (modèle n° 126 de la nomenclature générale) pouvant leur donner droit à une réduction de prix sur les voies ferrées.

Visites passées en Algérie. (Distinction à faire entre le territoire civil et le territoire militaire.)

51. Pour l'Algérie, la question relative à la visite bisannuelle comporte deux solutions : l'une s'applique au territoire civil et l'autre au territoire militaire.

1° *Territoire civil.*

Relativement au territoire civil, les titulaires de gratification sont, depuis l'année 1886, examinés, comme cela a lieu en France, lors des tournées des conseils de revision. Les intéressés reçoivent à cet effet des convocations individuelles émanant des fonctionnaires de l'intendance militaire, qui les leur font parvenir par la voie qu'ils jugent la plus convenable. Les art. 48, 49, 50, 57 et 58 de la présente instruction sont donc, en tous points, applicables à cette catégorie de titulaires.

2° *Territoire militaire.*

Quant aux titulaires résidant sur le territoire militaire, la visite médicale est passée par le médecin militaire de *l'hôpital ou de la garnison* la plus rapprochée, *dans la division, bien entendu*, du domicile du titulaire.

Les convocations, relatant que le militaire devra se présenter muni de son titre de concession de gratification sur lequel la blessure ou l'infirmité est indiquée, continueront à être faites, comme précédemment, par les fonctionnaires de l'intendance, qui enverront en même temps aux médecins militaires appelés à passer les visites la liste des hommes qu'ils auront à examiner. Une copie de cette liste, contenant en regard de chaque nom la mention du résultat de la visite, celle de la ou non comparution, s'il y a lieu, sera jointe par les médecins à leurs certificats. Il sera ainsi facile à la commission de réforme dont il est question ci-après de dresser l'état des absents.

Les époques des visites restent fixées aux mois de mai et de novembre de chaque année, sauf en ce qui concerne les militaires absents à une précédente visite et qui pourront être examinés à n'importe quel moment.

La contre-visite est supprimée dans les cas où elle ne pourra avoir lieu faute d'un médecin d'un grade supérieur à celui du médecin qui aura procédé à la visite.

Les médecins militaires doivent donc être invités à apporter la plus grande conscience dans l'examen des titulaires de gratification renouvelable. Cet examen, s'il n'était pas fait avec tout le soin désirable, pourrait priver injustement un ancien militaire blessé ou infirme d'une récompense méritée, et, à un point de vue opposé, causerait au Trésor un préjudice irrémédiable dans le cas où le maintien définitif d'une gratification (lequel dispense de toute visite médicale ultérieure) ne serait pas pleinement justifié.

A cet effet, les certificats devront être aussi explicites que possible et contenir l'une des trois conclusions suivantes, selon que l'état d'infirmité aura été jugé incurable, susceptible de guérison ou aura complètement disparu :

Maintien de la gratification à titre permanent ;

Maintien de la gratification pour deux nouvelles années ;

Suppression de l'allocation.

Les médecins feront parvenir leurs certificats appuyés de la liste indiquée ci-dessus au général commandant la division, qui en saisira la commission spéciale de réforme siégeant *au chef-lieu de la division, la seule* qui, désormais, *statuera*, d'après les certificats, *sur la situation des titulaires de gratification domiciliés dans la division,* qui auront subi une visite médicale.

Les décisions de la commission seront notifiées aux divers fonctionnaires de l'intendance militaire préposés dans l'étendue de la division à l'ordonnancement de la gratification, et, conséquemment, à la tenue des contrôles.

Les certificats médicaux et les états nominatifs dont il est question ci-après à l'art. 57 seront transmis dans le plus bref délai au ministre.

Suppression de la gratification en cas de guérison.

52. Les commissions ordinaires ou extraordinaires de réforme ne doivent conclure à la suppression de la gratification que si les titulaires n'éprouvent ~~plus~~ *aucune gêne* dans l'organisme par

suite des blessures ou des infirmités ayant motivé la concession de l'allocation, et que s'ils ont *complètement* recouvré la faculté de travailler. Le doute, chaque fois qu'il existera dans l'esprit de la commission, profitera au titulaire.

On ne doit pas perdre de vue que la gratification renouvelable peut se cumuler avec un traitement civil d'activité (art. 45 du règlement du 3 avril 1869 sur la comptabilité de la guerre).

Mention à porter sur les titres de concession des hommes rayés.

53. Les titres de concession de gratification des hommes éliminés ne devront pas leur être retirés, ces pièces pouvant leur être utiles pour solliciter ultérieurement leur réadmission. La mention du retrait y sera simplement apposée par les soins du sous-intendant militaire.

Rôle de la commission en cas d'indignité des titulaires.

54. Les commissions, n'ayant à baser leurs décisions que sur l'état physique des hommes, ne sont pas autorisées à les rayer dans le cas où leur conduite laisserait à désirer. Lorsque cette circonstance se présente, elles statuent sans s'occuper des cas d'indignité et se bornent à les signaler au général commandant le corps d'armée pour qu'il fasse à cet égard au ministre telle proposition qu'il jugera convenable.

Tittulaires absents à la visite. — Epoque de leur radiation des contrôles.

55. Si un titulaire manque à la visite, les commissions ne devront pas juger, par conjecture, son état d'infirmité et statuer sur le maintien ou la suppression de la gratification. Le payement de la gratification sera provisoirement suspendu. L'intéressé sera de nouveau convoqué devant la commission ordinaire de réforme, et s'il ne comparait pas, sa radiation des contrôles sera opérée d'office, sans intervention ministérielle, une année après la date de l'expiration de la gratification.

Titulaires admis dans les asiles d'aliénés.

56. La gratification renouvelable sera maintenue d'office sur la simple production d'un certificat de présence du titulaire dans un établissement d'aliénés, lorsque son état mental sera la conséquence de la blessure ou de l'infirmité ayant motivé sa réforme.

Dans le cas contraire, le titulaire de la gratification sera soumis à un examen médical dans ledit établissement, et la gratification sera conservée quand la commission aura acquis la certitude que l'infirmité est de nature à amoindrir l'aptitude au travail.

Compte rendu de la visite passée en France. — Etats nominatifs et certificats médicaux. (En ce qui concerne l'Algérie, voir ci-dessus art. 51.)

57. Le compte rendu du résultat de la visite médicale (qu'elle soit passée par la commission ordinaire ou extraordinaire) comprend trois catégories :

1° Les titulaires qui, étant déclarés incurables, ne devront plus se déplacer à l'avenir ;

2° Ceux maintenus en possession de la gratification pour deux nouvelles années ;

3° Ceux auxquels cette allocation aura été supprimée.

Les certificats médicaux seront annexés à des états nominatifs dressés par département (ou par subdivision de région quand les commissions spéciales de réforme *ordinaires* autres que celles de la Seine, de Seine-et-Oise et du Rhône opéreront) et spéciaux pour chacune des trois catégories. Les états indiqueront les numéros d'inscription de la gratification au contrôle central, les noms, prénoms, corps et résidences des titulaires, et, dans une colonne spéciale, les observations de la commission. Les certificats médicaux reproduiront aussi très exactement en marge le numéro d'inscription précité. Il est très important que les certificats concernant les titulaires éliminés contiennent toujours un exposé aussi détaillé que possible de la situation physique des intéressés et les raisons médicales pour lesquelles la gratification est retirée.

Les noms des titulaires absents aux visites feront l'objet d'une quatrième liste qui sera toujours établie, même si elle doit être négative.

Transmission du résultat de la visite.

58. L'envoi au ministre de ces divers documents s'effectuera par l'intermédiaire du général commandant le corps d'armée aussitôt après la clôture des opérations des conseils de révision ou des séances des commissions ordinaires de réforme.

Réadmission à la gratification renouvelable.

59. Les anciens militaires rayés de la gratification renouvelable après une visite médicale peuvent recouvrer la jouissance de cette allocation lorsque l'infirmité qui en avait motivé la concession vient à se reproduire.

Ils doivent alors se mettre en instance auprès le général commandant la subdivision du lieu de leur résidence, qui les fait examiner par la commission spéciale de réforme. Celle-ci les propose, s'il y a lieu, pour être remis en possession de leur gratification. La proposition, soumise à l'approbation du général commandant le corps d'armée et appuyée des pièces indiquées à l'art. 36, est transmise par lui, s'il le juge convenable, au ministre, qui statue sur la réadmission.

Le bénéfice de la réintégration s'étend également aux militaires rayés pour longue absence ou pour cause d'indignité.

Tout réadmis reçoit un nouveau titre de concession qui est échangé contre l'ancien dont le renvoi est effectué au ministre.

Date de la rentrée en jouissance.

60. En cas de réadmission, la jouissance de la gratification part toujours du *premier jour du semestre* dans lequel le droit a été constaté de nouveau par la commission.

COMPTABILITÉ.

Mode de payement et justification de la dépense.

61. Les gratifications renouvelables sont payables par semestre et d'avance, sur mandats individuels des sous-intendants militaires, imputés sur les fonds du chapitre des secours.

Les justifications à fournir à l'appui de cette nature de dépense consistent dans la quittance des parties prenantes apposée sur les mandats, qui contiennent au verso la formule du certificat de vie exigé de chaque titulaire au moment du payement.

Les mandats, conformes au modèle nº 20 de la nomenclature annexée au règlement du 3 avril 1869, doivent indiquer avec les mutations, dans la 4ᵉ colonne, la date de la décision ministérielle portant concession de la gratification. Un extrait de cette décision est fourni au trésorier-payeur général lors du payement du premier semestre; pour les semestres suivants, on rappelle sur les mandats le mandat antérieur auquel l'extrait de décision a été joint.

Demande de fonds.

62. Les demandes de fonds, renfermées dans la limite des plus stricts besoins, sont adressées tous les mois au ministre. Dans la première demande de fonds de chaque exercice, on fait connaître, par grade, les effectifs qui ont servi de base à son évaluation.

Bordereaux mensuels de mandats.

63. Les bordereaux de mandats (modèle 177 de la nomenclature générale) distincts de ceux établis pour les secours proprement dits, comme il est dit à l'art. 30, sont également envoyés mensuellement. Par une dérogation aux prescriptions de l'art. 134 du règlement du 3 avril 1869, il importe, dans l'intérêt du service, que les parties prenantes soient désignées nominativement sur ces bordereaux qui mentionneront, en outre, les numéro, date, montant de chaque mandat, la période de temps que celui-ci comporte, ainsi que le département dans lequel l'émission a eu lieu. Lorsque, pour une cause quelconque, un titulaire subira une retenue sur sa gratification, les motifs en seront relatés dans la colonne d'observations.

Par analogie avec ce qui est prescrit pour les secours (art. 30), il est important, en cas d'annulation de mandats dans le cours de l'exercice, de porter sur le bordereau qui mentionnera l'annulation les indications suivantes : numéro et montant du mandat, nom du titulaire et département où l'émission avait eu lieu.

En fin d'exercice, un bordereau spécial fera connaître nominativement les mandats qui, dans chaque département, n'auront pas été acquittés à la date du 30 juin de la seconde année de l'exercice. Ce bordereau sera, s'il y a lieu, négatif.

Revues générales de liquidation.

64. Les revues générales de liquidation justifiant des payements effectués sont établies par semestre et en double expédition. Elles désignent, sans distinction d'armes, par grade et en observant rigoureusement l'ordre alphabétique, les titulaires de la gratification, dont les mutations sont exactement indiquées dans la colonne n° 5; le numéro d'inscription au contrôle central tenu au ministère de la guerre ; le corps auquel le titulaire a appartenu ; enfin la date d'expiration de la jouissance de la gratification (pour les gratifications permanentes, on mettra ces mots : jouissance permanente).

L'une des deux expéditions est appuyée, s'il y a lieu, d'un extrait de revue, distinct par exercice, comprenant nominativement les rappels de gratification effectués sur exercices clos (article 482 du règlement du 6 juin 1883 sur le service de la solde).

L'envoi au ministre des revues de liquidation a lieu aux époques suivantes :

Celles du premier semestre dans le mois de *septembre* suivant :

Celles du deuxième semestre, au plus tard, dans le mois de *juillet de la seconde année de l'exercice*.

Relevés de mutations.

65. Le directeur du service de l'intendance du corps d'armée transmet au ministre, dans les vingt premiers jours de chaque semestre, les relevés des mutations survenues pendant le semestre précédent parmi les titulaires *de gratification renouvelable* et de *gratification permanente*.

Ces relevés sont établis séparément pour chacune de ces deux catégories. Conséquemment, un titulaire dont la gratification deviendra permanente figurera en perte sur le relevé de la gratification renouvelable et en gain sur celui de la gratification permanente.

La visite bisannuelle des titulaires de la gratification renouvelable n'a plus lieu qu'une fois par an, au printemps, que l'allocation expire le 30 juin ou le 31 décembre. Il s'ensuit que la mutation produite par le titulaire d'une gratification renouvelable dont la jouissance cesse le 31 *décembre*, et occasionnée soit par le retrait de l'allocation, soit par le maintien de celle-ci à titre permanent, ne doit être inscrite que sur le relevé du 2e semestre, attendu que ce n'est qu'à la fin de ce semestre que la mutation devient effective.

Les relevés établis par grade et par ordre alphabétique pour l'ensemble du corps d'armée (et non pas par département) ne doivent comprendre que les noms des titulaires produisant mutation en gain ou en perte. On s'abstiendra d'y porter d'autres indications qui compliqueraient inutilement ce document.

Retenues exercées sur la gratification pour cause de séjour à l'hôpital.

66. Lorsqu'un titulaire de la gratification est hospitalisé aux frais de l'Etat, il lui est fait application des dispositions prévues en pareil cas par le règlement du 28 décembre 1883 sur le service de santé.

Rappels sur exercices clos.

67. Les arrérages de gratification renouvelable non réclamés par le titulaire avant la clôture de l'exercice auquel ils se rapportent ne peuvent être mandatés sur les fonds de l'exercice courant sans autorisation ministérielle.

Les rappels sur exercices clos ainsi effectués doivent être justifiés dans la revue générale de liquidation par un extrait de revue distinct par exercice, conformément aux art. 482 et 606 du règlement du 8 juin 1883 sur le service de la solde (voir ci-dessus art. 64).

Conversion de la gratification renouvelable en pension.

68. Par suite d'aggravation de blessures ou d'infirmités, un titulaire de la gratification renouvelable peut obtenir la *conversion* de cette gratification en pension. Aux termes du décret du 10 août 1886 (*Journal militaire officiel*, partie réglementaire, 2e semestre, page 321), la demande doit être formée sous les conditions déterminées à l'article 3, dans un délai de cinq années à compter du jour de la cessation de l'activité.

En cas d'admission à la pension, la lettre de notification n'est remise au destinataire qu'en échange de son titre de gratification qui est immédiatement renvoyé au ministre.

Le pensionnaire est ensuite rayé des contrôles de la gratification. Toutefois, il est préférable pour les intéressés dont la situation est souvent précaire, de n'opérer leur radiation qu'au moment de la remise du certificat d'inscription de pension. Le motif en est expliqué par le délai qui s'écoule forcément entre la délivrance de la lettre de notification de pension et celle dudit certificat, délai pendant lequel peut arriver l'échéance d'un semestre de gratification.

Toutes les sommes perçues à titre de gratification permanente ou renouvelable à compter du jour de la jouissance de la pension sont déduites du payement des premiers arrérages de celle-ci. Il est d'ailleurs toujours fait mention de cette déduction sur les décrets de concession insérés au *Bulletin des Lois*. Les fonctionnaires de l'intendance doivent, *sous leur propre responsabilité*, en tenir compte sur les certificats de cessation de payement qu'ils délivrent et qui sont indispensables aux pensionnaires pour percevoir les premiers termes de leur pension.

La déduction dont il s'agit s'opérera désormais exclusivement au moyen d'un reversement au Trésor qui devra toujours être prescrit sur le certificat de cessation de payement précité, indépendamment de l'ordre établi en conformité de l'art. 183 du règlement du 3 avril 1869. Le récépissé de versement sera transmis au ministre (*Cabinet*, *Section des secours*), accompagné de l'ordre mentionné ci-dessus.

Abrogation des circulaires antérieures.

69. La présente instruction abroge toutes les circulaires antérieures concernant le service des secours (à l'exception de celle du 28 septembre 1885, *Cabinet*, *Section des secours*) en tant qu'elle fixe le nombre et la date d'envoi de propositions de secours à transmettre mensuellement par chaque corps d'armée.

Le Ministre de la guerre,

Signé : Gal BOULANGER.

MODÈLES.

MODÈLE N° 1.

Annexé à l'instruction ministérielle du 27 août 1886. (Art. 13.)

Format tellière.

e CORPS D'ARMÉE.

DÉPARTEMENT D

Proposition de secours éventuel en faveur d (1)

(1) Un ancien militaire.
ou
La veuve d'un ancien militaire.
Les orphelins d'un ancien militaire.

A Monsieur le Ministre de la guerre (*Cabinet du Ministre, Section des Secours*).

1° Nom ; 2° Prénoms ; 3° Domicile ; 4° Mention du dernier secours obtenu. (1)	SERVICES SUR LESQUELS LA DEMANDE EST BASÉE.						Age des pétitionnaires. (2)	Situation physique. — Infirmités.	Charges de famille. — Nombre des enfants. Age, sexe et position de chacun d'eux.	Moyens d'existence. En cas de jouissance de pension ou de traitement quelconque, en indiquer le montant et la nature.	Moralité. — Conduite.	Date du mariage. — (Pour les veuves.)	AVIS ET OBSERVATIONS.
	Dernier grade et position sous le rapport militaire.	Durée des services.	Date de l'entrée au service.	Date de la cessation du service.	DÉTAIL des campagnes.	des blessures.							
1°													1° Du général de brig. —
2°													2° Du général de div. —
3°													3° Du général comm. le corps d'armée. —
4° Secours de fr. (Décision ministérielle du .)													

(1) S'il s'agit d'une veuve, on mettra :
Veuve N... (nom du mari), née N... (nom de la famille de la femme et ses prénoms).
S'il s'agit de plusieurs orphelins, on indiquera, avec le nom, le prénom de chacun d'eux.
(2) Et pour les orphelins, indiquer l'âge de chacun d'eux.

A , le 188 .

(1) Nom et prénoms, grade et emploi.

MODÈLE N° 2.
Annexé
à l'instruction ministérielle
du 27 août 1886
(art. 36).

NOTA. Le militaire porté sur le présent mémoire doit, s'il a moins de 40 ans, avoir reçu un congé de réforme n° 1.

PIÈCES A JOINDRE :

1° Etat signalétique et de service;
2° Extrait d'acte de naissance;
3° Certificat d'origine de blessure ou d'infirmité;
4° Certificats de visite et de contre-visite;
5° Avis motivé de la commission de réforme.

e CORPS D'ARMÉE.

---

e RÉGIMENT d

Mémoire de proposition pour une gratification de réforme renouvelable en faveur du nommé (1)

Numéro du registre matricule	
Dates de la { réforme...................... / radiation des contrôles du corps.	
Indiquer si, conformément aux prescriptions réglementaires, le militaire attend au corps ou à l'hôpital le résultat de la proposition ou s'il est rentré dans ses foyers.........	
Domicile à la sortie du corps (s'il s'agit d'une grande ville, mentionner le nom de la rue et le numéro)..........................	

OBSERVATIONS.

Vu : A , le 188 .

Le Sous-Intendant militaire, *Le*

APPROUVÉ :

Le Général commandant le e corps d'armée,

M. le Ministre de la guerre (*Cabinet du Ministre, Section des secours*).

Modèle n° 3.

Annexé à l'instruction ministérielle du 27 août 1886. (Art. 41.)

e CORPS D'ARMÉE.

SOUS-INTENDANCE MILITAIRE D

CONTROLE

des titulaires de la gratification de réforme { *renouvelable.* / *permanente.* }

(Ce contrôle, unique par département, doit contenir l'inscription par grade des titulaires, sans distinction d'armes.)

Il doit en être établi un spécialement pour la gratification permanente et un pour la gratification renouvelable.

NUMÉROS		NOM, PRÉNOMS, date et lieu de naissance.	GRADES et CORPS.	QUOTITÉ de la GRATIFICATION.	DATE DE		MOTIFS DE LA CONCESSION.	DOMICILE.	OBSERVATIONS.
D'ORDRE.	D'INSCRIPTION au contrôle central.				LA DÉCISION ministérielle.	L'ENTRÉE en jouissance.			

www.ingramcontent.com/pod-product-compliance
Ingram Content Group UK Ltd.
Pitfield, Milton Keynes, MK11 3LW, UK
UKHW020406250726
13967UKWH00006B/2502